U0008132

CONTENTS

HAJIMETE PATCHWORK

Copyright © 1995 by T. Seto

Originally published in Japan by Nihon Vogue
Co., Ltd., Tokyo

封面拚布作品／內山弘子

技術指導／增田順子

樣本製作／增田順子

協助／神村叔子　松本紀代子　松本久美子

攝影／中村俊二（封面）　鈴木信雄（內頁）　　　　用具提供／可樂牌公司

說明圖／吉田晶子　　　　　　　　　　　　　　　布料提供／手づくりハウス　コットンアミー

版面設計／寺山文惠（封面）　LITHON（挿圖・本文）

編輯／佐藤八十子　鈴木統子

布料

素材／使用最多的是木棉。避開質料厚的布，選擇針容易縫的布料。
保存／新的木棉質料先下過水，使其漿掉落，再作整燙。舊衣服等則先洗過，將
要使用的部分剪下放置好。

拚布中最常使用的薄質料的綿布。

美國的印花棉布。

平織紋較粗的棉布，很多人喜歡其樸實感。

有光澤，使用容易的棉織品。

有別於服裝的布料，適用於拚布的棉布。

從古至今人們最熟悉的格子花樣或線條花樣的
棉織品。

大花樣
依據花樣的使用部分的不同，可作出有效果的
使用。

中花樣
和大花樣、小花樣一起使用，可使作品作出特
殊的風格。

小花樣
以素布的感覺來使用，但比素布更有玩味。

PATCHWORK

用具

作拚布需要①作製圖、②作紙型、③剪布、④針縫。而其必要的道具並不是一開始就要全部買齊，可先利用周邊有的用具開始作。

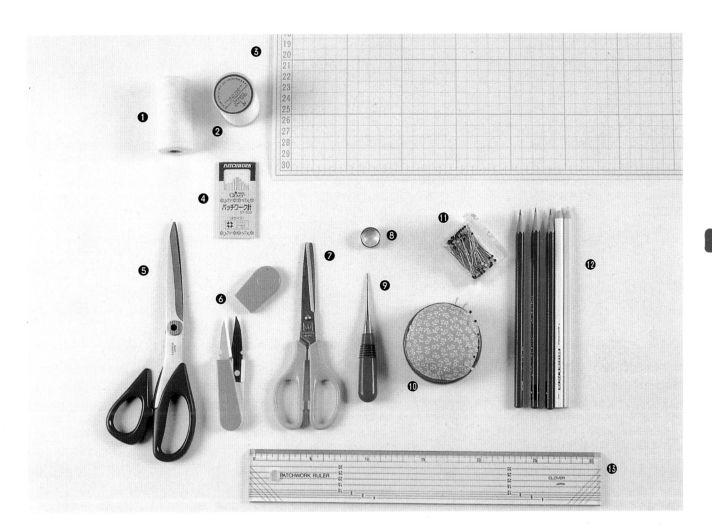

❶疏縫線（有如圖呈卷狀，也有呈束狀）

❷手縫線（拚布專用線）

❸紙型用厚紙（有方眼格的較方便）

❹拚布專用縫針

❺剪刀（剪布用）

❻剪刀（剪線用）

❼剪刀（剪紙用）

❽指套

❾目打

❿針插

⓫珠針

⓬鉛筆（Ｂ、２Ｂ、色筆）

⓭拚布尺（付有縫分的刻度和不銹鋼邊）

其他如能有切割板則會更方便。

紙型

直線的紙型

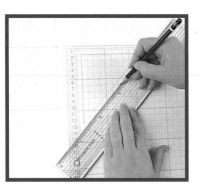

依所想作的圖樣在方眼格紙上作實物大的製圖。在厚紙上的製圖線（針縫的線條）的四周往外側量0.7公分的縫分畫出裁剪線。使用方眼格厚紙時也是需要使用直尺測量尺寸。

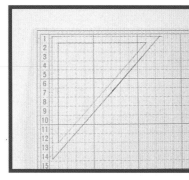

已製好的圖。外側為裁剪線，內側為針縫線。一個圖樣當中相同形狀的紙型並不需要將所需的片數全部作出。只要作出必需的紙型就可以了。

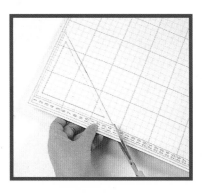

用剪刀由裁剪線剪下。即1片紙型已兼具著針縫線和裁剪線。

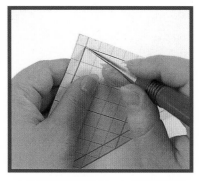

在針縫線的角落處以目打穿洞。

曲線的紙型

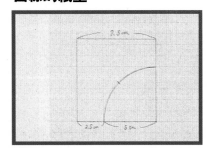

在方眼格紙上作實物大圖樣的製圖。

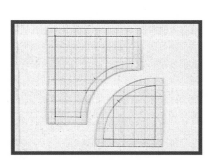

在厚紙上的製圖加上縫分後剪下，在轉角及重點處以目打穿洞。

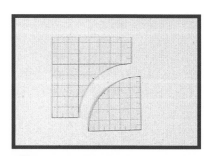

作出針縫線的紙型。

PATCHWORK

轉角的補強

若相同的紙型需要使用多次時，就要先作好補強的工作。以膠帶將角的表裏都包裹著貼住。

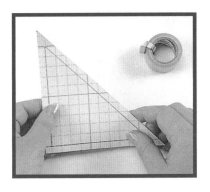

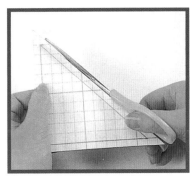

剪下膠帶貼好多出的部分。

使用圖樣塑膠片

將塑膠片放在實物大製圖紙上，描下針縫的線條。然後也在針縫線的周圍加上縫分描下裁剪線。

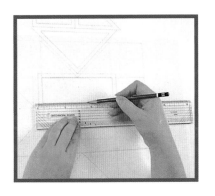

以剪刀剪下。

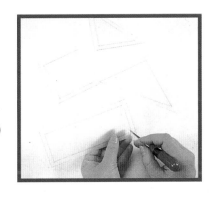

在轉角處以目打穿洞。

市面上販賣的拼布金屬板

自己不用作紙型而使用市面上所賣的金屬板也是非常方便的。金屬板的外側是裁剪線，內側是針縫線。

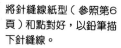

布紋和裁剪法

布紋

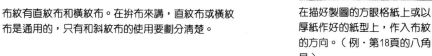

橫紋布

布邊

直紋布

斜紋布

布邊

布紋的記號

直紋布
或
橫紋布

斜紋布

布紋有直紋布和橫紋布。在拚布來講，直紋布或橫紋布是通用的，只有和斜紋布的使用要劃分清楚。

在紙型上作入布紋的方向

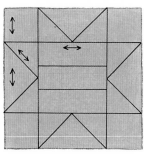

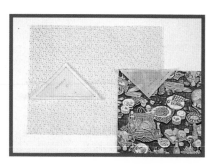

在描好製圖的方眼格紙上或以厚紙作好的紙型上，作入布紋的方向。（例·第18頁的八角星）

將紙型放在布上以2B鉛筆畫線。深色布則使用色筆。

直線

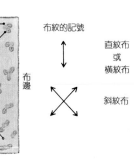

❶

將紙型放在布的裏側，以2B鉛筆描下裁剪線。針縫線則以目打穿洞，再以鉛筆的筆尖穿入於轉角處作上記號。（紙型的左右形狀不同時將紙型的裏側朝上。）

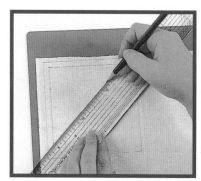

❷

將記號的點與點連接描出針縫線。

曲線

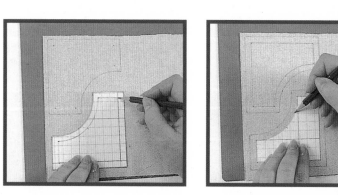

❶

將紙型放於布的裏側，以2B鉛筆描下裁剪線，針縫線則是在轉角處用鉛筆作上點的記號。

❷

將針縫線紙型（參照第6頁）和點對好，以鉛筆描下針縫線。

PATCHWORK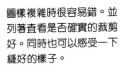

使用拚布圖樣塑膠片

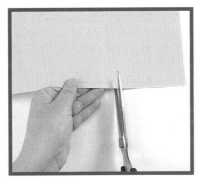

由於透明可以看得到花樣，所以塑膠片可決定放在哪個部分取得哪裏的花樣較爲方便。

用剪刀裁剪

用剪刀將每1片裁剪好。

用切割刀裁剪

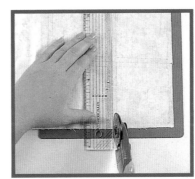

將布放在切割板上，以拚布尺壓住用切割刀裁割。由於可將多塊布重疊，很方便一次就可裁下相同的形狀多片。

將裁好的布依圖樣並列著排排看

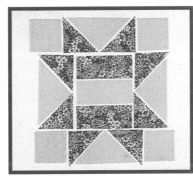

圖樣複雜時很容易錯。並列著查看是否確實的裁剪好。同時也可以感受一下縫好的樣子。

裁好的布的整理

作1單位的整理。①以線穿住。②放入塑膠袋內。③以洗衣夾夾著。

縫合

作拚布有手縫和車縫2種方法。此本書介紹的是手縫的方法。

平針縫 ⎰ 端到端的縫法
　　　 ⎱ 點到點的縫法
繚縫　使用紙襯（paper liner方式——
　　　　　　　將紙型和布疏縫在一起，片與片之間繚縫好後最後取下紙襯的方法）

基本的技術

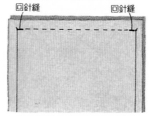

珠針的固定方法

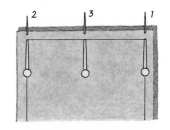

將兩塊布中表（布的表側向內）重疊對好記號依 1・2・3 的順序以珠針固定。（一邊較長時則在 1 和 3 的中心，3 和 2 的中心，依順序再將其中心固定）

將線穿入針

線
斜剪

線的長度

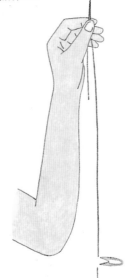

針目的大小（實物大）

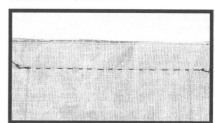

平針縫

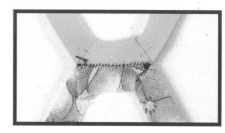

繚縫

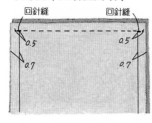

平針縫（由端縫到端）

回針縫　　　　回針縫
0.5　　　0.5
0.7　　　0.7

由縫分0.5公分處開始縫起至另一端的縫合0.5公分處。

平針縫（由點縫到點）

回針縫　　　　回針縫

由點縫到點，縫分的部分不縫。此本書是以〇的記號表示。

繚縫

紙襯

將已裝入紙襯的圖案布塊中表對好。由2片的折線淺淺的挑針縫合。開始和結束處作斜卷回針縫固定。

斜布的接縫

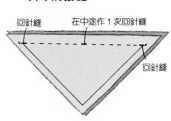

回針縫　　在中途作 1 次回針縫
回針縫

縫斜紋布時，爲了防止長度變長，所以在中途需作 1 次回針縫止住。（參照第11頁）

PATCHWORK

打結

開始縫處

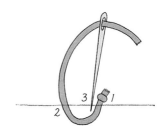 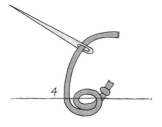 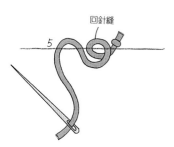

回針縫

縫止點處

回針縫

打結

 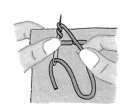  

開始縫處和縫止點處

先打一個結之後開始縫，縫止點處也需打一個結。開始縫處及縫止點處一定要1針回針（倒回縫1針）。就稱爲回針縫。

♥ 平針縫的點縫到點的位置以○記號表示。
♥ 照片爲了要容易瞭解，所以縫線用有色線，普通是以白線縫。貼布縫則使用和貼布同色的線作藏針縫。

四角形作縫合

●九片接合

是以9個正方形縫合成的圖樣。在此是以端到端的方法縫合成的。

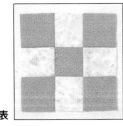
表

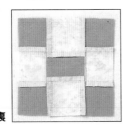
裏

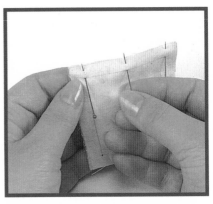

① 將2片布中表對好，依右端、左端、正中央的順序以珠針固定。

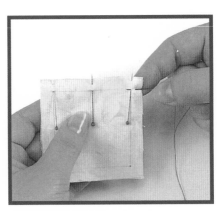

② 由縫分的0.5公分處穿入針，回1針後才開始縫起。

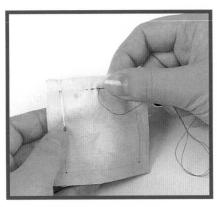

③ 仔細的連續的向左端扎針縫合。

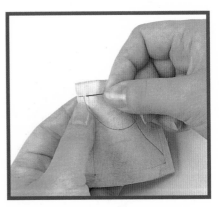

④ 縫到左端時為了慎重起見，再回縫1針。

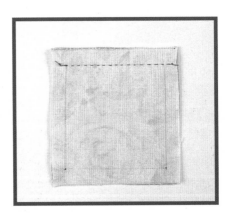

⑤ 打完結後，將線剪斷。每3片作1排，共有3排。

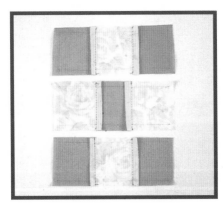

⑥ 縫分如照片一樣相互作不同方向的倒向（2片的縫分一起倒向深色的一方）的整燙。

PATCHWORK

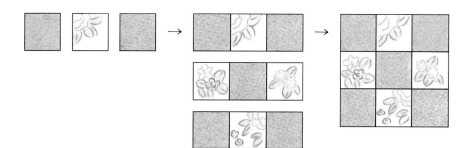

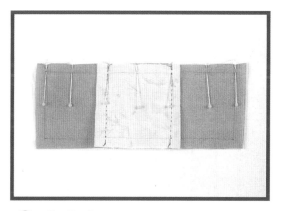

7 第 1 排和第 2 排中表對好以珠針固定。

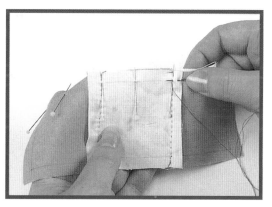

8 由右端如②圖一樣的開始縫起。交點的位置如⑨的圖一樣作回針縫。

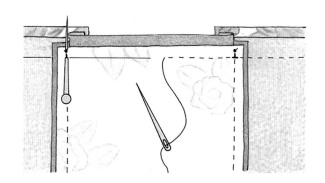

9 交點的位置作回針縫,注意縫好時不能有洞。

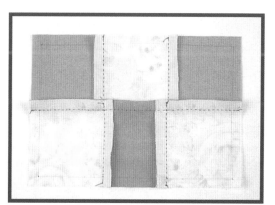

10 縫至左端,像④圖一樣作 1 針回針縫後打一個結。縫分倒向深色的一方。

表

裏

●九片接合

和第12頁相同是由９個的正方形縫合成的圖樣。在此是以點縫到點的方法縫合成的。４片的正方形的交點的縫分呈風車狀的倒向。

① 將２片布中表對好，依右端、左端、正中央的順序以珠針固定。

② 由點的位置穿入針，作１針的回針縫後開始縫。

③ 左端也是縫到點的位置再作１針的回針縫固定。

④ 每３片作１排，共分為３排來縫，縫分如同照片一樣相互不同的倒向深色的一方用熨斗燙平。

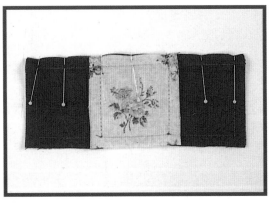

⑤ 第１排和第２排中表對好以珠針固定。

PATCHWORK

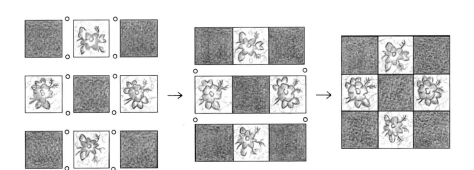

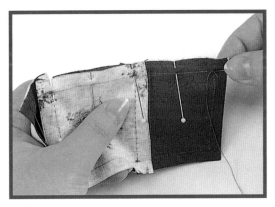

⑥ 參照②由右端的點的位置開始縫起。

⑦ 交點的位置如⑧的圖作回針縫。

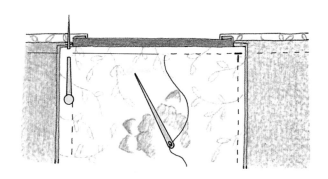

⑧ 交點的位置作回針縫，注意縫好時不能有洞。

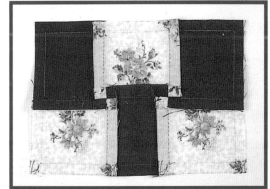

⑨ 縫分如風車狀的倒向，用熨斗燙平。

直角三角形作縫合

● 破碎的盤子

將正方形4塊的圖樣（四片接合）分為8塊三角形，表現出破碎盤子的效果。
正方形縫合時是使用第12頁和第14頁的2種方法。

表

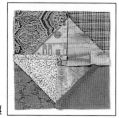

裏

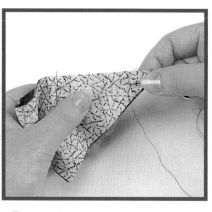

1 將2片三角形中表對好以珠針固定，由縫分0.5公分處以回針縫的方法開始縫起。

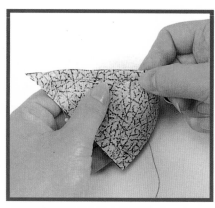

2 縫合斜布時，為了要防止伸展，所以在中途作1次回針縫。

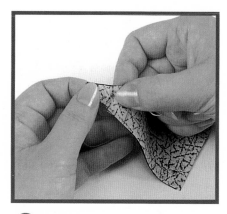

3 縫至左端（縫分0.5公分處）時作回針縫固定。

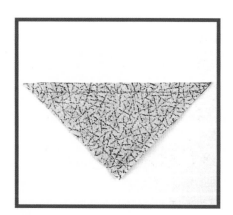

4 整燙斜紋布時，注意要使其不伸展，熨斗直接由上壓的燙平，縫分是作單方的倒向。（2片的縫分一起倒向深色的一方）。

5 2片三角形所縫合好的正方形。將縫分多出來的部分參照圖剪下。

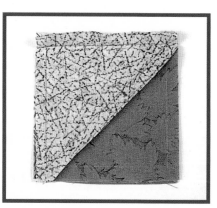

6 將2塊縫好的正方形中表對好，外圍側由端縫起，中心側則縫至點的位置。（參照第17頁上面的圖）

PATCHWORK

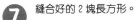

7 縫合好的 2 塊長方形。

8 將⑦的 2 塊中表對好,由右邊的端作回針縫後開始縫起。

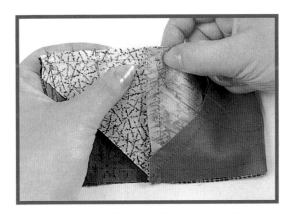

9 交點的位置參照第15頁的⑦⑧圖,作縫好後不能有洞的回針縫。

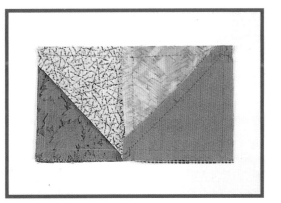

10 縫至左邊的端時,打結固定。

表

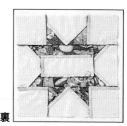
裏

●八角星

在星星的中心的橫排的空白部分，可以作簽名或是繡上名字。

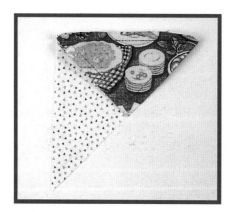

1 紙型放在布塊上面，要作不浪費的裁剪。

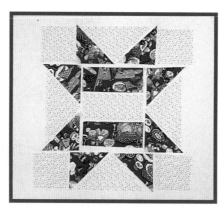

2 裁好的布塊並排著，很容易可看出哪個部分要和哪個部分作縫合。

3 深色的三角形一片和淺色的大三角形一片中表對好以珠針固定。

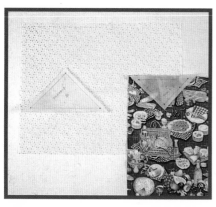

4 由端縫到端。

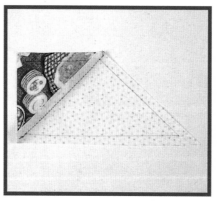

5 縫分倒向深色布一方，整理縫分。
（參照第16頁⑤）

6 另一邊也是和深色的三角形作縫合。

PATCHWORK

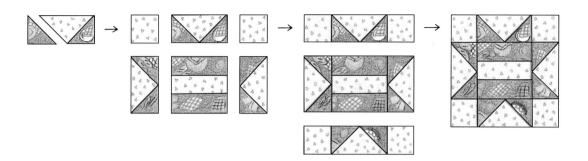

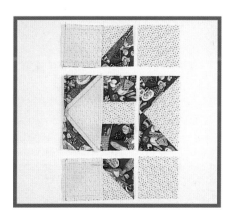

7 將中心的橫排作縫合。

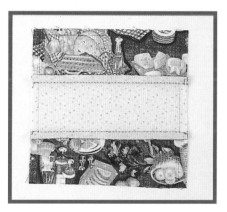

8 3排縫合好後，縫分則分別上下倒向深色的部分。（2片的縫分同時倒向一方）。

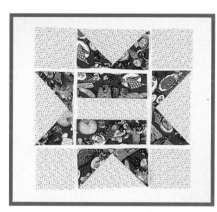

9 各部分各自完成的狀態。

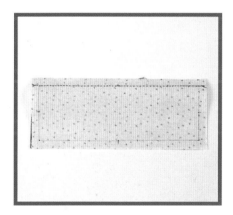

10 左邊的部分和中心部分作縫合。

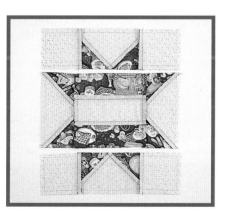

11 右邊的部分也和中心部分縫合，縫分倒向深色的一方。

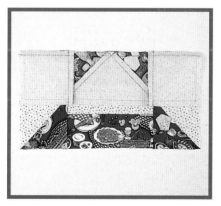

12 將第1排和第2排縫合。第3排也同樣的和第2排縫合。

表

裏

●玫瑰花園

將玫瑰花化爲圖樣，由中心的四角形一直加上直角三角形縫成的。全部都是以點到點的縫法。

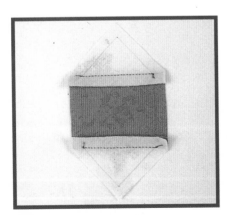

1 將裁好的布並列排排看。

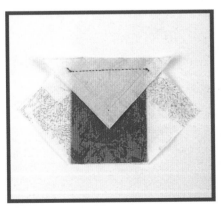

2 由中心依順序往外側縫。在中心的布將第一圈的三角形縫合上去。

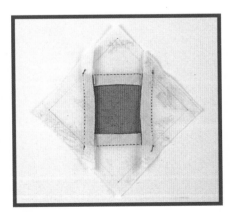

3 縫分倒向深色的一方，剪下多出來的縫分。（參照第16頁⑤）

4 相反側也同樣的縫上三角形。

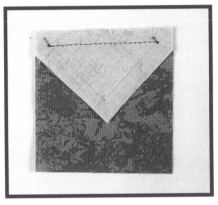

5 剩下的2邊縫上三角形。

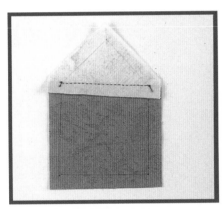

6 第1圈完成。

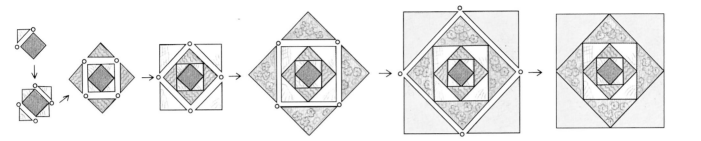

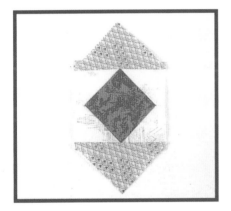

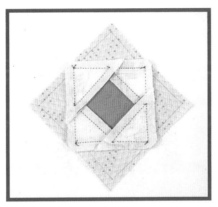

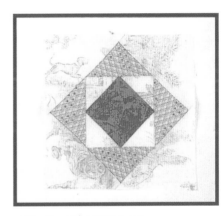

7 將裁好的布並列排排看。每3片菱形爲1組。

8 剩下的2邊也縫上三角形,第2圈完成的狀態。

9 第3圈也是同樣的縫合。

10 第4圈完成的狀態。

11 第5圈也是同樣的縫合。

六角形作縫合

● 祖母的花園

中心大多使用黃色或紅色的素布。每一圈作顏色的改變使其能呈現花的感覺。使用紙襯的方法，作繚縫。全部縫接好整燙後再取下紙襯。將其和舖棉、裏布重疊作壓線縫，最後在土台布（米白色素布）上作貼布縫。

表

裏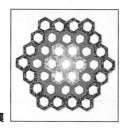

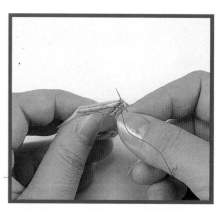
於土台布上作好貼布縫

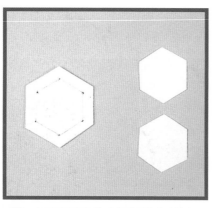

1 紙型是用厚紙作成的（照片的左邊）。紙襯則是使用圖畫紙或舊的明信片，依實物大小作出必要的張數。（照片的右邊）。

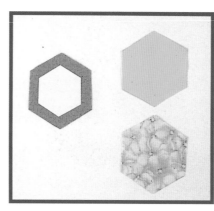

2 布裁剪好，在布的裏側將紙襯放上去。

3 以珠針將布和紙襯固定。

4 縫分往內折作疏縫。轉角部分的縫分確實要折好。

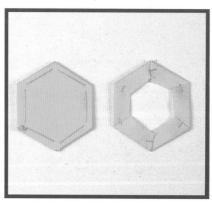

5 疏縫好的狀態。若是圖樣較大時一邊的中途可再固定 1～2 個地方。

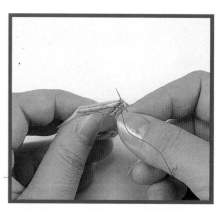

6 將 2 片中表對好，在轉角的位置先多作 1～2 針卷縫後才開始作繚縫。

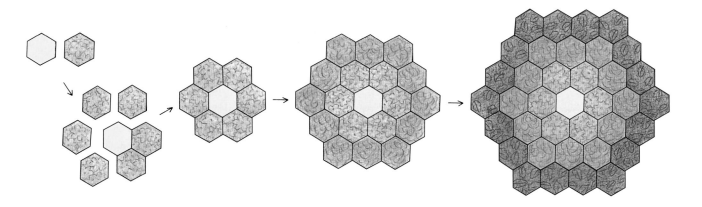

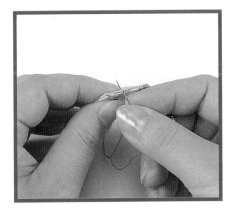

⑦ 2片注意作齊邊的繚縫。

⑧ 最後也再回卷縫 1～2 針後打結固定。

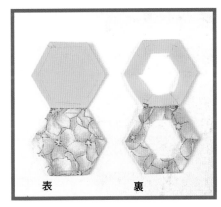

⑨ 2片接縫好的狀態。

表　　　裏

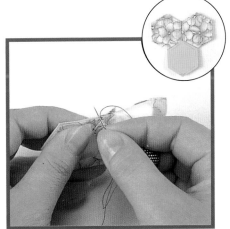

⑩ 第 3 片先接縫一邊，交點的位置縫時不要產生有洞的情形，針目要盡量小，確實的縫好後，再將下一邊作繚縫。

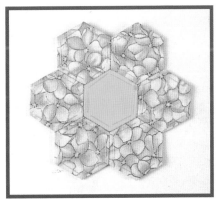

⑪ 第 1 圈縫好的狀態。

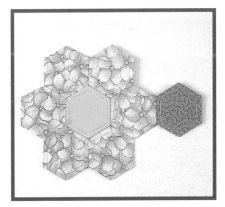

⑫ 第 2 圈、第 3 圈也是相同的縫法，依順序慢慢加大。

菱形作縫合

●積木

六角形分爲3片菱形的圖樣。將3片菱形縫接合成六角形。使用淺色、中間色、深色3個顏色表現出立體感。接縫多片之後、和舖棉、裏布重疊作壓線縫，最後在土台布（米白色素布）上作貼布縫。

表

裏
作好貼布縫的狀態

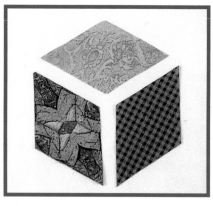

❶ 將裁好的布並列排排看。每3片菱形爲1組。

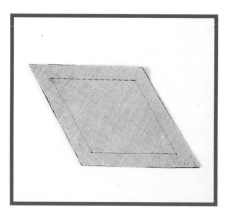

❷ 確認配置的位置，將兩片作點到點的縫合。

❸ 縫分是作單方的倒向。

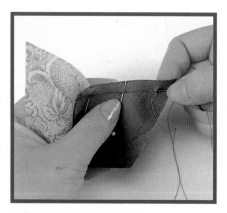

❹ 第3片是和縫好邊的另一邊作點到點的縫合。

❺ 交點的位置注意作不要有洞的回針縫，接下來的邊也是回針縫之後再開始縫合。

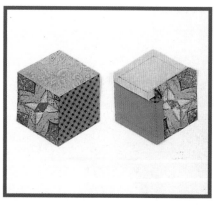

❻ 1個積木圖案完成。交點位置的縫分呈風車狀的倒向。

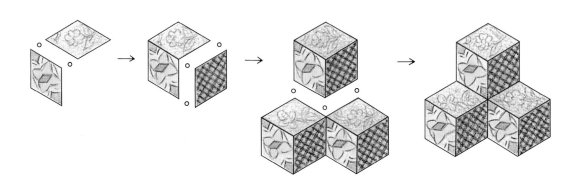

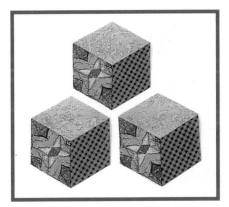

⑦ 將第 1 排和第 2 排作縫合。

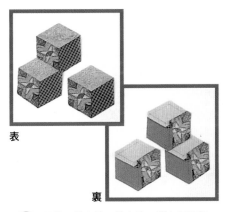

表

裏

⑧ 將第 1 排和第 2 排中的 1 個中表對好，作點到點的縫合。

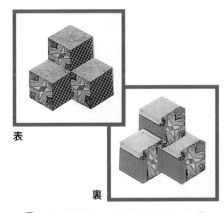

表

裏

⑨ 第 2 排的另 1 個作 2 邊的縫合。以同樣的方法縫第 3 排、第 4 排，使其慢慢變大。

使用紙襯的方法（參照第22頁）

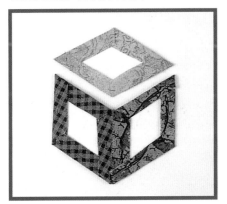

① 將紙襯放入布內作疏縫。2 片中表對好作繚縫。

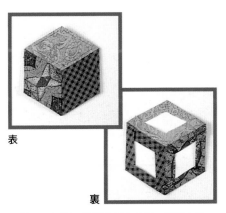

表

裏

② 再將另 1 片縫合即完成了 1 個積木的圖樣。

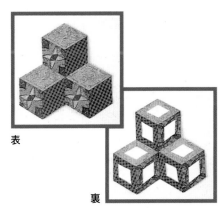

表

裏

③ 第 2 排接縫好的狀態。同樣的縫合第 3 排、第 4 排使其慢慢變大。

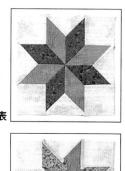
表

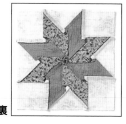
裏

●檸檬星

八角形由菱形的星星的圖樣作成，不知從何時起人們把瑠·蒙（音譯）這位的人名變成了「檸檬」。仔細的將菱形1片1片的接縫。特別要注意中心的部位不能縫出有洞的情形。

① 將布裁好，並列著排排看。

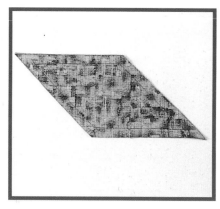

② 確認好配置的位置將2片中表對好，作點到點的縫合。

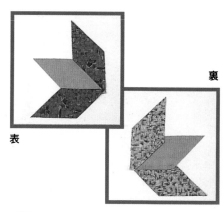

裏

表

③ 每1片依順序作縫合。

④ 剩下最後1邊末縫，8片縫合好的狀態。

⑤ 由表側8片的頂尖點淺挑少許來縫，將線拉緊，穿到裏側打個玉結固定。

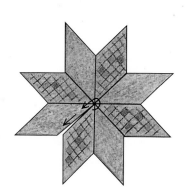

PATCHWORK

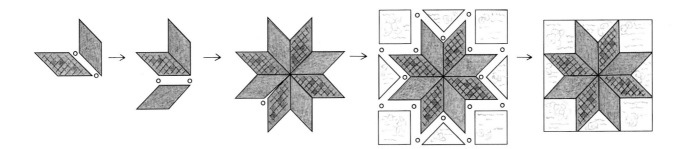

6 原有的線繼續將最後一邊縫到點的位置，將線打結固定。

7 嵌入角落的正方形，先將一邊作縫合。

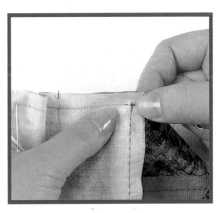

8 交點的位置不能縫出有洞的情形的作回針縫，接下來繼續縫另一邊。

9 縫到點的位置打結固定。

10 原有的線繼續縫，將接下來的三角形嵌入。

表

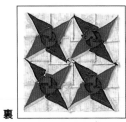

裏

4 組接縫好的狀態

曲線作縫合

●指南針

指南針是讓船隻等根據指針引導行進路線的工具。在指南針的圖樣當中在此選擇了簡單的圖樣。需留意作出漂亮的圓形。

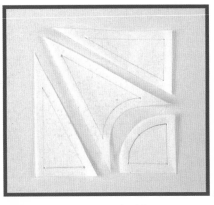

❶ 參照第 6 頁作紙型。曲線的中心作入記號。

❷ 布裁好後，並列排排看。曲線中心的記號不要忘了作。

❸ 2 片中表對好，由點縫到點。

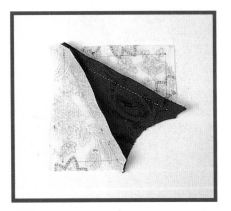

❹ 再 1 片也是相同的縫法，縫分作單方的倒向。

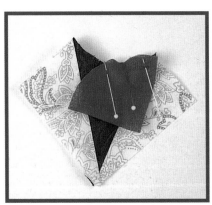

❺ 右端和中央，記號對好，以珠針固定，接下來在其中間再以 1 支珠針固定。

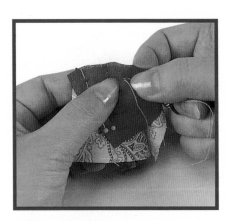

❻ 由右邊的點開始縫起，縫至中心。剩下的另一半再以珠針固定。

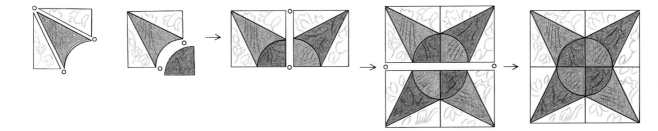

7 中心作 1 針的回針縫後，繼續縫到左邊的點的位置。

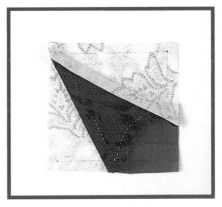

8 用熨斗燙平。

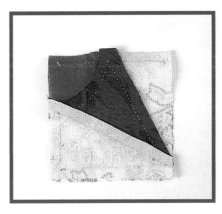

9 2 片中表對好，由點縫至點。

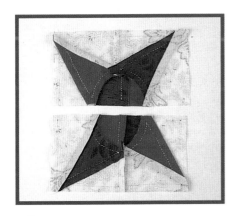

10 2 片長方形縫好的狀態。

11 2 片中表對好，由點縫至點。（中心的交點的位置參照第15頁）

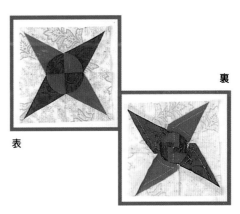

12 1 個圖樣的完成。

裏

表

曲線作貼布縫

● 德蕾斯丁盤

是採用德國的一個出產陶瓷叫德蕾斯丁的城鎮所命名的拚布圖樣。以彩繪的盤子的圖樣先作拚布後再於土台布（米白色素布）上作貼布縫。

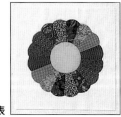

表

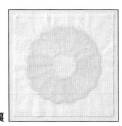

裏

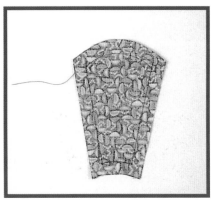

1 在每 1 片的外側弧度線的縫分以疏縫線作平針縫。

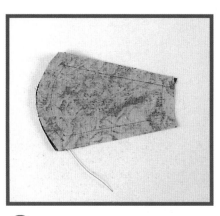

2 每 2 片中表對好，中心側由端縫起，縫至外側弧度線的點的位置。

3 2 片縫好的狀態。

4 將16片接縫成一圓形。

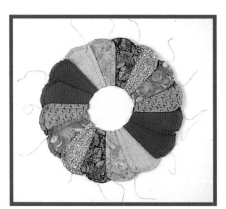

5 縫分都是作同方向的倒向。

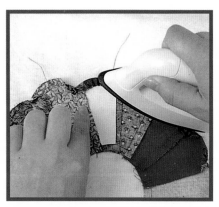

6 將外側的疏縫線縮緊，每 1 片裝入針縫線的紙型，將縫分向裏側折，用熨斗整燙。

PATCHWORK

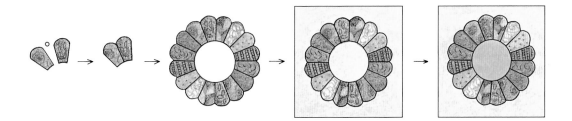

7 取下紙型，於土台布（米白色素布）
上作疏縫固定。

8 以立針縫的方法作貼布縫。

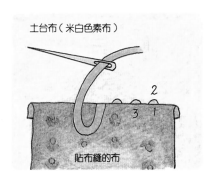

土台布（米白色素布）

2
3 1

貼布縫的布

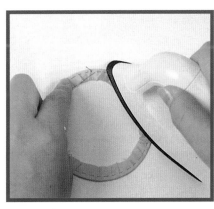

9 中心的圓的周圍作縮縫，將針縫線的
紙型放入，疏縫線縮緊，以熨斗整燙。

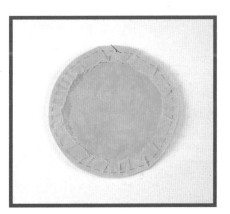

10 取下紙型。

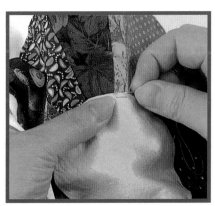

11 在中心將⑩疏縫固定，和⑧同樣的方
法作貼布縫。

縫於土台布上

●圓小木屋

由美國在開墾時代所建造的圓小木屋所變化出來的圖樣,以第1條是短的,
第4條是長的這種圖樣使用的最多。中心的紅色或黃色的素布象徵著燈光或
暖爐的火。在土台布上將條狀的布像圓木組合一樣縫上去。

表

裏

4組接縫好的狀態

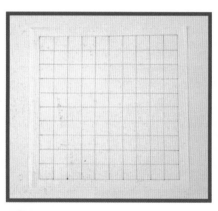

1 在土台布上畫出完成線,以這些線條
為引導線作針縫。

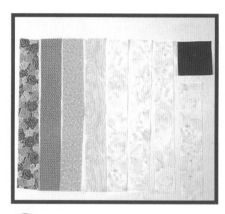

2 製剪布。圓小木屋用的布作長條的裁
剪。

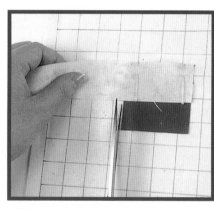

3 將中心的布作疏縫固定。條狀的布放
在土台布上對好線以珠針固定,只剪
下必要的長度使用。

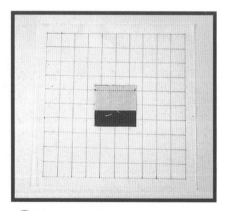

4 針縫的線要對準土台布上的線,由端
到端的縫於土台布上。

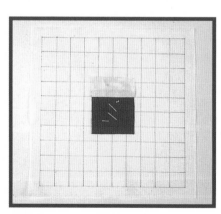

5 用熨斗把表側整燙出來。

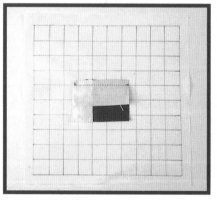

6 將土台布向左轉,縫第2條。

PATCHWORK

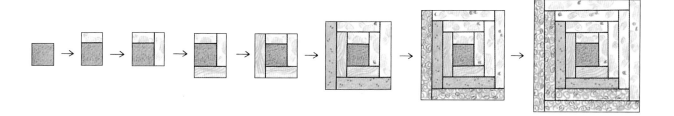

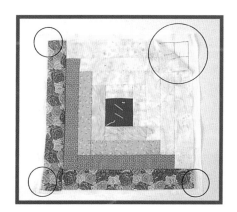

7 同樣的縫上第 3 條、第 4 條,完成了第 1 圈。

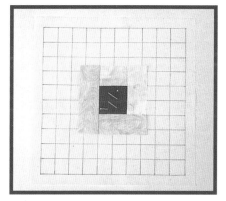

8 第 2 圈起也是相同的縫法。

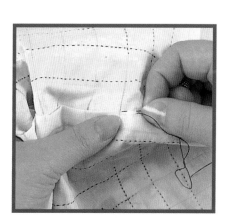

9 最後 1 圈的四個角落不要縫在土台布上,只與緊鄰的布條縫合。

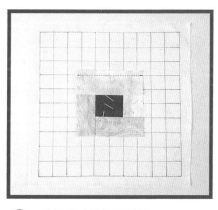

10 如照片所示,四個角落和土台布並沒縫在一起。在此一個單元的圖樣完成。

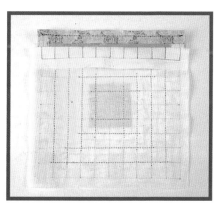

11 將 2 片圖樣中表對好,避開土台布,將布條對好由端縫到端。縫分是作單方的倒向。

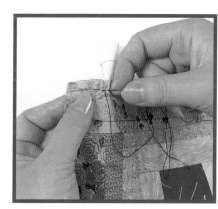

12 將一片土台布的縫分折好,放在另一片土台布上作藏針縫。

● 圓小木屋

圓小木屋之中也有像法院的階梯一樣的圖樣，在４條圓木當中是作每２條等長的。於中心的布將條狀布像圓木組合一樣縫上去。

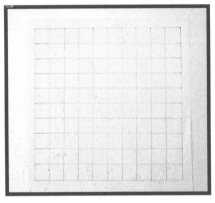

1 在土台布上畫出完成線，以這些線條為引導線作針縫。

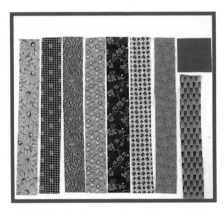

2 裁剪布。圓小木屋用的布作長條的裁剪。

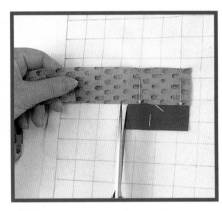

3 將中心的布作疏縫固定。條狀的布放在土台布上對好線以珠針固定，只剪下必要的長度使用。

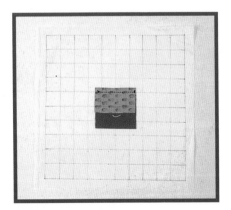

4 針縫的線要對準土台布上的線，由端到端的縫於土台布上。

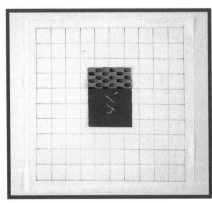

5 用熨斗把表側整燙出來。

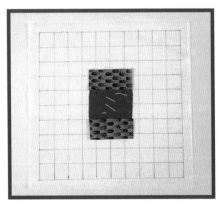

6 相反側以相同的布作同樣的縫合。

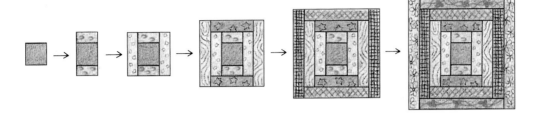

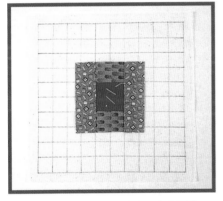

⑦ 左右兩側再接縫上布條，完成了第1圈。

⑧ 第2圈起也是同樣的縫法。

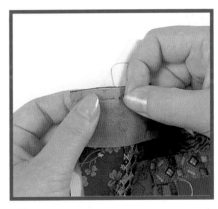

⑨ 最後1圈的四個角落不要縫在土台布上，只與緊鄰的布條縫合。

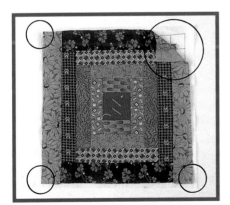

⑩ 如照片所示，四個角落和土台布並沒縫在一起。在此是一個單元的圖樣完成。

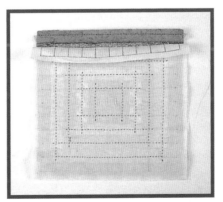

⑪ 將2片圖樣中表對好，避開土台布，將布條對好由端縫到端。縫分是作單方的倒向。

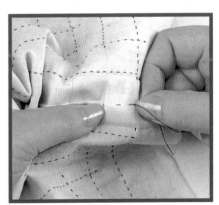

⑫ 將一片土台布的縫分折好，放在另一片土台布上作藏針縫。

壓線縫

壓線縫的目的是將表布、舖棉、裏布作確實的固定縫，使其更結實、更溫暖。在拼布上再加上作壓線縫，則會更顯現出其美麗的投影效果。

壓線縫的針目
（實物大）

用具

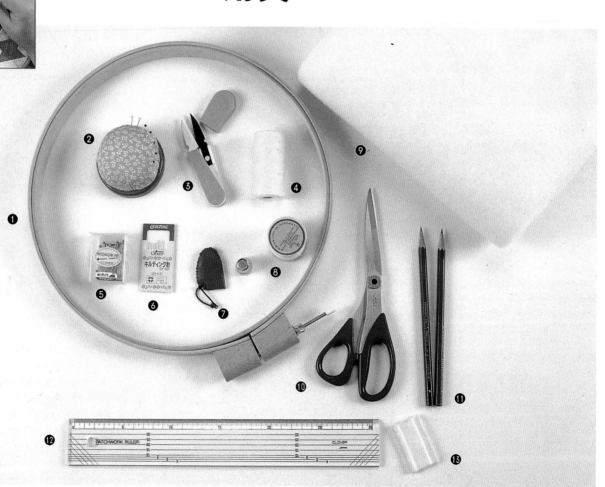

❶壓線框
❷針插
❸剪刀（剪線用）
❹疏縫線（有如圖呈卷狀，也有呈束狀）
❺珠針

❻壓線縫專用針
❼指套（使用如圖蓋型的指套 2 個。有金屬製的和皮革製的）
❽壓線
❾舖棉
❿剪刀（剪布用）

⓫鉛筆（ B、2B ）
⓬拚布尺
⓭布用橡皮擦
其他若有暫時可黏接性的膠帶會更方便。

QUILTING
描圖

表布的拚布作好後，整理縫分及整燙。描好圖後將表布、舖棉、裏布依順序放好作疏縫。

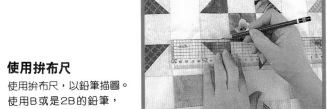

使用拚布尺
使用拚布尺，以鉛筆描圖。使用B或是2B的鉛筆，筆尖削尖，輕輕的描。

直接透過布
在紙上以濃的線條描出圖案。將其放在表布的下面，以鉛筆描下圖。這是使用在淺色表布時。

使用五色複寫紙
在表布的上面放置已描好圖案的描圖紙，以珠針固定。其中間夾著五色複寫紙。最上面再放上玻璃紙，以鐵筆描圖。有些五色複寫紙所透寫出的線條遇到水是會消失的。

使用紙型
以厚紙裁剪的紙型或以市面上所販賣的紙型，用鉛筆描圖。

舖棉的接合
作疏縫之前需先將舖棉準備好。作品若比舖棉來得寬時，則舖棉需先接縫好後使用。要接合的邊以剪刀裁剪，需注意邊的整齊，平擺著如圖作斜卷縫，使用白色縫線。

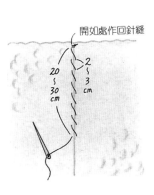

開如處作回針縫

20～30 cm

2～3 cm

啪啪地拍打

以斜卷縫縫20～30公分，以手掌拍打使其融合連結一起。

作疏縫

表布、舖棉、裏布三層重疊，先以疏縫線作疏縫。
裏布、舖棉都要比表布大２～４公分（大作品則需更多些）。

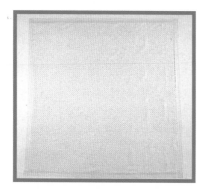

將裏布展開以熨斗燙平，
周圍以膠帶固定。

表布…………大部分都使用作好拚布的布，如不是拚布則是使用
單色的素布。

舖棉…………市面上所賣的有化纖棉、木棉，厚度也有多種，配
合目的選擇適用的。

裏布…………選擇針容易縫的和表布的顏色或花樣類似的布。在
技術未熟練前可使用小花樣的布，既使針目縫的不
整齊也不會太醒目。

裏布上面將舖棉展開舖放。

最上面放著已整燙好的表
布，三層一起以珠針固定。

疏縫的方向

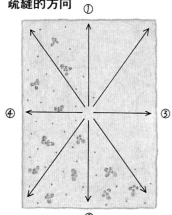

①
④ ③
②

疏縫時，一定是由中心向外側縫。針目的長度約為５
公分。

完成了疏縫的狀態。

QUILTING
作壓線縫

疏縫好後，裝入壓線框內作壓線縫。先拉開再握緊布壓入框內，是會有一點點鬆。兩手的中指各自戴上指套。縫的線長參照第10頁。由中心向外側作壓線縫。

開始針縫處

將打結藏入針目當中

將打結藏入舖棉當中

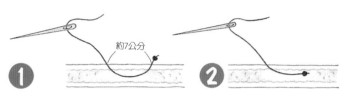

將打結儘量作小些（打結參照第11頁）。如圖有將打結藏入縫的針目的方法和用力拉至舖棉當中的方法。將打結藏好後，作1針回針縫後才開始作壓線縫。

縫止點

最後的針目作1針回針後離約2公分處將針穿出，打1個小結（打結的方法參照第11頁），再由針穿出的位置穿入，離約3～4公分處將針用力拉出，打結即會藏入中間，最後把線剪斷。

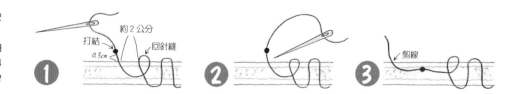

壓線縫的作法

① 如圖縫針垂直穿入至裏側另一隻中指的位置。

② 作1針的平針縫。

③ 以左手的中指往上押。每縫3～4針才拔一次針。

縫分的位置的壓線縫

 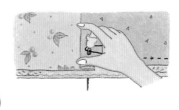

 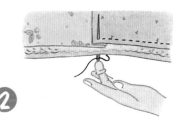

緣邊的修飾

　　緣邊的修飾是用邊條布或裁剪斜紋布使用。兩種皆可，多作作多試試，尋找自己作起來較容易使用的。在此是使用縫紉機車縫的，若是用手縫也是可以的。

作每兩邊的修飾處理

① 作好壓線縫的布縫上邊條布。以縫紉機作端到端的車縫。

② 把縫分裁剪整齊。

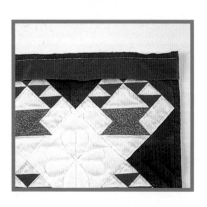

③ 將邊條布往裏側折返，作藏針縫。左右兩邊都是用此種方法作邊條。

④ 接下來作上下兩邊的邊條。將邊條的左右端的縫分往裏側折後作車縫。

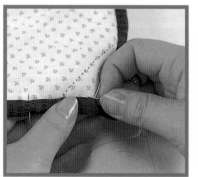

⑤ 將邊條往裏側折返，確實把轉角折好作藏針縫。

QUILTING

作 4 邊連續的修飾處理

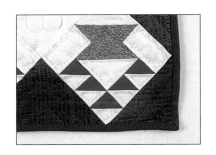

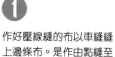

1 作好壓線縫的布以車縫縫上邊條布。是作由點縫至點的方法。

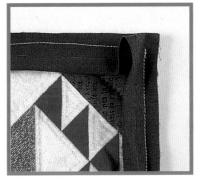

2 將轉角折好,由點縫至點,剩下的邊也是同樣的方法車縫。

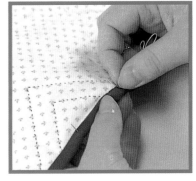

3 邊條布往裏側折返作藏針縫。

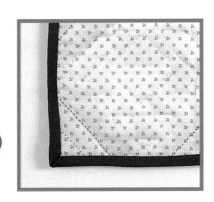

4 轉角處整理修飾成如框子一樣後作藏針縫。

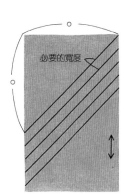

必要的寬度

斜紋布的邊條的作法

0.3~0.4cm

將直紋中表對好作車縫

縫分攤開,突出邊條布的部分以剪刀剪齊

PATCHWORK QUILTING

拼 布 · 壓 線 縫 術 語

● **拼布**(PATCHWORK)

　將各種形狀或各種顏色的小塊布接縫成圖樣稱之。可大區分為拼布和貼布縫。

● **壓線縫**(Quil Ting)

　表布和裏布之間放入棉或毛或羽毛等等作為鋪棉，3層一起作刺繡縫，如同床罩，稱之為壓線縫。中間若沒加入鋪棉，同樣的作刺繡縫，也是稱為壓線縫。

● **一片**(peace)

　作拼布需先將布裁成三角形、四角形、六角形等等形狀，這樣就稱為一片的布。

● **小片接合**

　將一片一片作縫合稱之為小片接合。

● **單位**(Block)

　作拼布時將數片接縫成一個單位。

● **貼布縫**

　將裁好布的圖樣放在土台布（米白色素布）上作藏針縫接合的手藝。

● **拼布構圖**(Setting)

　在拼布將很多小片的布或單位並排，作成表布的設計構圖稱之。

● **間隔邊條**

　一片片的單位之間所加入的格子稱之。

● **框邊條**(border)

　在拼布於小片接合好後或各單位接合好後的表布的周圍所接縫上的緣邊的布稱之。

● **拼完成的表布**(Top)

　作壓線縫的最上面的布稱之，也稱為Quilt top。

● **鋪棉**（壓棉）

　在表布和裏布之間裝入的填充物稱之。

● **裏布**(lining)

　作壓線縫的裏側的布稱之。

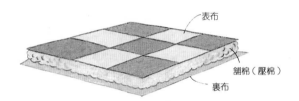

表布
鋪棉（壓棉）
裏布

● **疏縫**

　將表布、鋪棉和裏布三層重疊，為了不使其走樣，需作確實的疏縫。

● **壓線縫**(Quilting)

　將表布、鋪棉、裏布三層一起作刺繡縫稱之。

● **滾邊條**(Binding)

　作好壓線縫的表布、鋪棉、裏布的3片的周圍以邊條布作包邊的修飾處理。

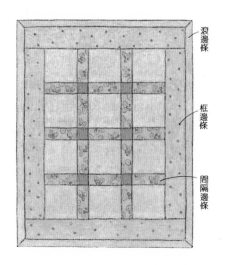

滾邊條
框邊條
間隔邊條

初版一刷／1998年4月　　六刷／2005年12月